喂！我不想失去的朋友！

"神奇生物"系列

● 王海媚 李至薇 编著

海豚出版社
DOLPHIN BOOKS
CIPG
中国国际出版集团

新世界出版社
NEW WORLD PRESS

神奇生物探秘之旅

　　阅读不只是读书上的文字和图画，阅读可以是多维的、立体的、多感官联动的。这套"神奇生物"系列绘本不只是一套书，它提供了涉及视觉、听觉多感官的丰富材料，带领孩子尽情遨游生物世界；它提供了知识、游戏、测试、小任务，让孩子切实掌握生物知识；它能够激发孩子对世界的好奇心和求知欲，让亲子阅读的过程更加丰富而有趣。

　　一套书可以变成一个博物馆、一个游学营，快陪伴孩子开启一场充满乐趣和挑战的神奇生物探秘之旅吧！

生物小百科

书里提到一些生物专业名词，这里有既通俗易懂又不失科学性的解释；关于书中介绍的神奇生物，这里还有更多有趣的故事。

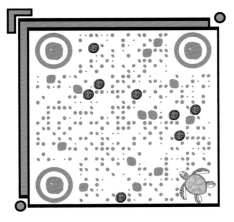

这就是探索生物秘密的钥匙，请用手机扫一扫，立刻就能获得。

生物相册

书中讲了这么多神奇的生物，想看看它们真实的样子吗？想听听它们真实的声音吗？来这里吧！

趣味测试

读完本书，孩子和这些神奇生物成为朋友了吗？让小小生物学家来挑战看看吧！

走近生物

每本书都设置了小任务，可以带着孩子去户外寻找周围的动植物，也可以试试亲手种一盆花，让孩子亲近自然，在探索中收获知识。

生物画廊

认识了这么多神奇生物，孩子可以用自己的小手把它们画出来，尽情发挥自己的想象力吧！

有些朋友跟我告别，
说以后再也不能见面。
这我可不答应!
你知道我的朋友是谁吗?
你能帮我问问它们为什么要走吗?

有很多可爱的生物面临着消失的危险：比如世界上最大的哺乳动物蓝鲸，世界上最小的猪微型猪；比如高大美丽的中国红豆杉，古老神秘的独叶草。

很久很久以前，它们就生活在地球上，是我们人类的朋友。

我不想失去这些朋友，我不想以后都看不到它们！

你知道它们有多可爱吗？你又知道它们面临着怎样的危险吗？

生物小百科

绘本中提到的生物学知识，一扫便知，指导孩子不费事。

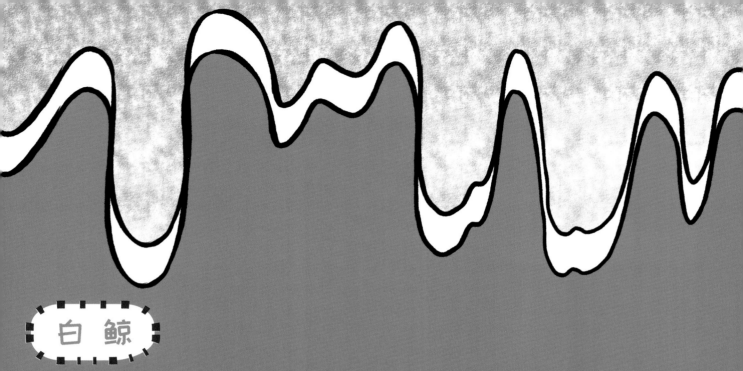

白　鲸

　　白鲸是一种非常聪明的动物。

　　它可以发出很多种声音，比如小鸟的叫声、猪的呼噜声，还能模仿人的声音，它也许想跟人类"交谈"一下。

　　白鲸的好奇心很重，喜欢到海面上"凑热闹"。

　　白鲸特别活泼，会在水下吐气泡，还会把自己逗笑。

⚠️ 濒危原因：人类捕杀等。

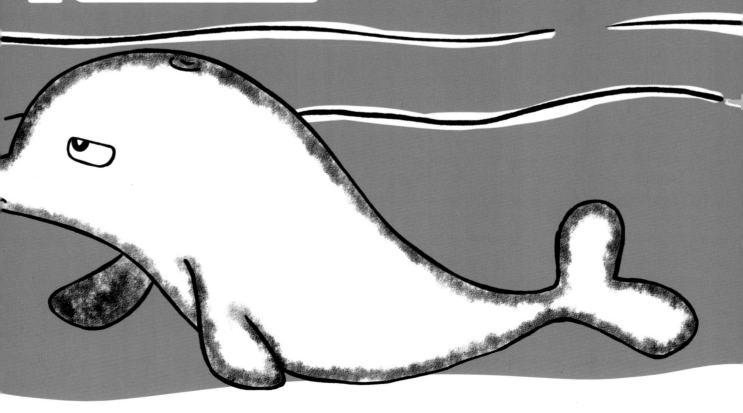

小山猴是一种非常小的动物，只有 10 厘米那么长。

小山猴妈妈的肚子上有一个育儿袋，跟袋鼠妈妈一样。

它们喜欢夜间活动，喜欢吃昆虫和水果。

小山猴的尾巴特别厉害，可以用来储存营养物质。

因此，就算一时没有找到食物，它们也可以活很久。

⚠ 濒危原因：森林被过度砍伐，被当地居民的家养猫捕食。

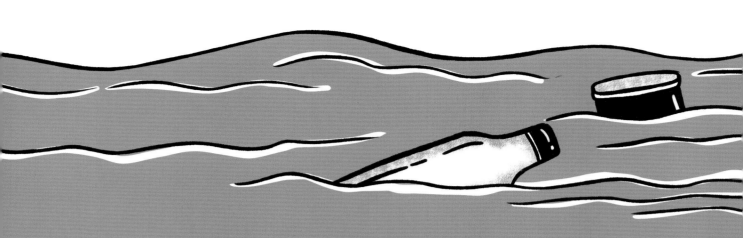

绿 海 龟

　　绿海龟是海龟家族中的"大个子"，龟背可以长到一米多长。

　　它们吃海里的动物和植物，不过最喜欢吃的是海草。

　　绿海龟的体内存留了很多叶绿素，身上的脂肪都带着浅浅的绿色，它们的名字也是由此得来的。

⚠ 濒危原因：栖息地被破坏，人们捡拾海龟蛋。

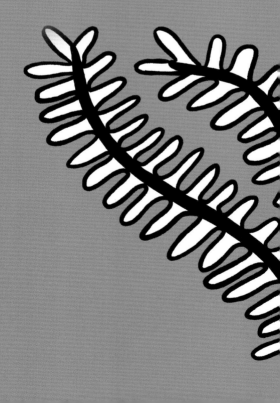

北极熊生活在寒冷的北极，个头非常大，喜欢吃肉。

北极熊看上去毛茸茸的，全身雪白，或者微微带些金黄色。

实际上，北极熊的皮肤是黑色的，有利于充分吸收阳光的热量，抵御严寒。

它们的毛是透明、中空的小管子，在金色阳光的照耀下，就会变成美丽的金黄色；阳光不强的时候，毛看上去则是白色的。

⚠️ 濒危原因：全球变暖导致北极浮冰减少、食物减少。

走近生物
爸妈带孩子亲近大自然，
去自然界中观察生物。

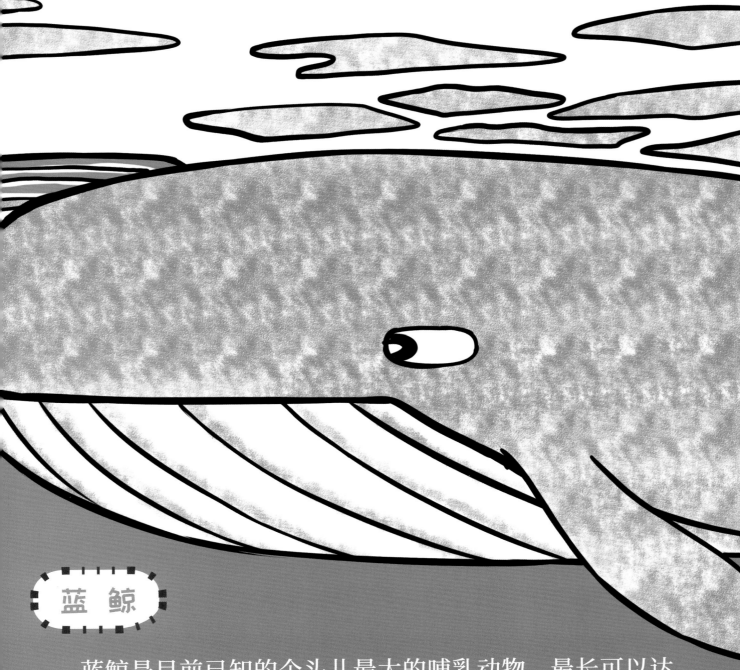

蓝鲸

　　蓝鲸是目前已知的个头儿最大的哺乳动物，最长可以达到 30 多米，有一架飞机那么长。

　　蓝鲸的舌头上可以站 50 个人，它的心脏跟小汽车一样大。

　　别看蓝鲸个头儿大，可它最喜欢的食物却是不到 2 厘米长的磷虾。

　　为了填饱肚子，蓝鲸每天大约要捕食 3.6 吨磷虾！

　　真是太辛苦了！

⚠ 濒危原因：环境污染、气候变暖和人类猎杀。

微型猪

微型猪是世界上最小的猪，别看个头儿小，它可是一种野猪哟！

成年的微型猪能长到 60 厘米长，体重不到 10 公斤。

它们的皮毛是深褐色的，头部和颈部后面还有几绺"头发"是黑色的。

虽然微型猪属于野猪，但它们性情温和，喜欢吃植物的根和茎，还有小昆虫。

⚠ 濒危原因：栖息地被破坏，人类捕杀。

白狮

白狮出现在非洲，全身雪白，偶尔带有金黄色。

它们的眼睛是淡蓝色的，像不像狮子中的精灵？

科学家们猜想，白狮的祖先在很久很久以前曾经生活在冰天

雪地的北极，白色是它们的保护色，不容易被猎物或敌人发现。

可是不知道什么原因，白狮几乎消失了，但它们的遗传信息却隐藏在了其他狮子的体内。

所以偶然间，两只都带有白狮遗传信息的黄色狮子会生出漂亮的小白狮。

⚠ 濒危原因：未知。

白鹭花

白鹭花的花朵非常奇特，像一只翱翔在天空中的白色小鸟。

白鹭花喜欢生长在向阳、潮湿的地方，风吹来的时候，成片的白鹭花变成了洁白的"鸟群"，显得灵动美丽。

白鹭花还有一定的药用价值，可以治疗小宝宝的消化不良。

⚠ 濒危原因：花朵因太美丽而被人们过度采摘。

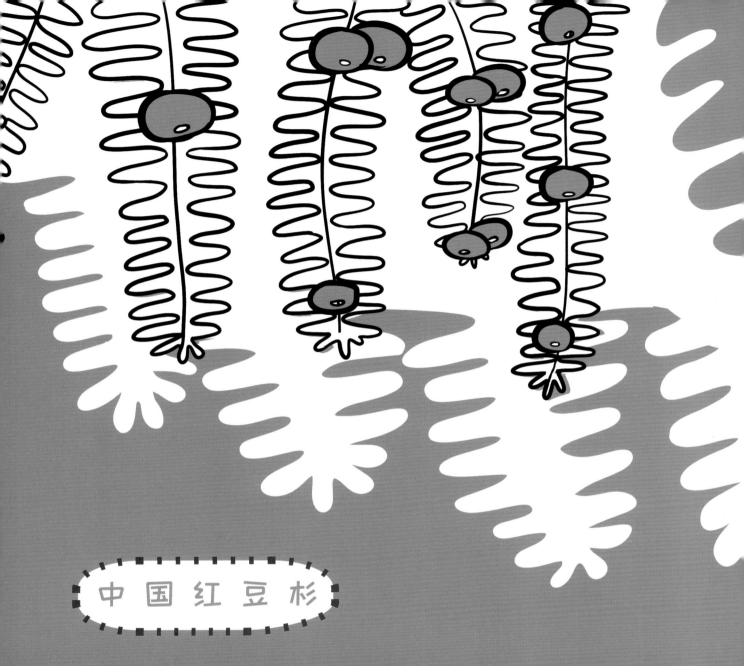

中国红豆杉

　　中国红豆杉在地球上已经生活了很久，它不仅是中国的宝贝树，也是世界级的珍稀植物。

　　中国红豆杉喜欢生长在温暖、湿润的地方，树木非常高大，比 3 只长颈鹿叠起来还要高。

　　树干需要几个人才能合抱过来，绿绿的枝条上会长出红色的果实，非常好看。

⚠ 濒危原因：种子少，成活率低，过度砍伐。

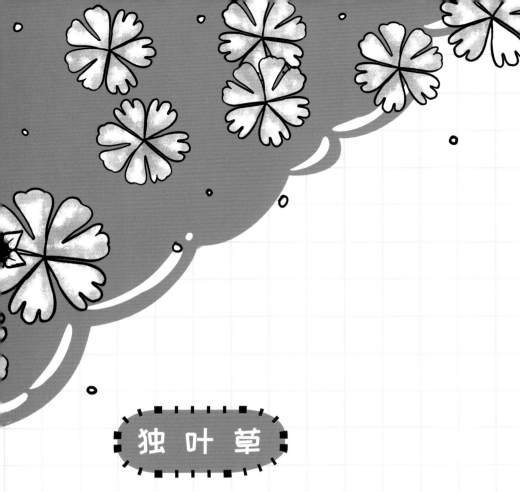

独 叶 草

　　每一株独叶草只有一根茎，只长一片叶子，只开一朵绿色的小花。

　　因此，它被称为独叶草。

　　独叶草喜欢生活在寒冷、潮湿的地方，像是原始森林中孤独的绿色仙子。

　　独叶草的身上藏着很多古老植物的秘密，可以帮助科学家破解大自然的谜题。

⚠ 濒危原因：森林被过度砍伐，生存环境被破坏。

爸爸说，他小时候在夏天的午后粘过知了。

妈妈说，她小时候采过桑叶，养过蚕宝宝。

我也喜欢大自然，也想认识各种各样神奇而美丽的生物，和它们一直一直做朋友！

趣味测试
绘本介绍的生物知多少？
让小朋友来回答吧。

喂！我不想失去的朋友！
威武的白狮，你真漂亮！
我要给你画像。
沿着虚线描一描，再给你涂上蓝色的眼睛。
这就是狮中精灵的模样。

图书在版编目（ＣＩＰ）数据

喂！我不想失去的朋友！/ 王海媚，李至薇编著
. -- 北京：海豚出版社：新世界出版社，2019.9
 ISBN 978-7-5110-3893-7

 Ⅰ.①喂… Ⅱ.①王… ②李… Ⅲ.①濒危动物－儿
童读物②濒危植物－儿童读物 Ⅳ.① Q111.7-49

 中国版本图书馆 CIP 数据核字 (2018) 第 286318 号

喂！我不想失去的朋友！
WEI WO BU XIANG SHIQU DE PENGYOU
王海媚　李至薇　编著

出 版 人　王　磊
总 策 划　张　煜
责任编辑　梅秋慧　张　镛　郭雨欣
装帧设计　荆　娟
责任印制　于浩杰　王宝根
出　　版　海豚出版社　新世界出版社
地　　址　北京市西城区百万庄大街 24 号
邮　　编　100037
电　　话　(010)68995968（发行）　　(010)68996147（总编室）
印　　刷　小森印刷（北京）有限公司
经　　销　新华书店及网络书店
开　　本　889mm×1194mm　1/16
印　　张　2
字　　数　25 千字
版　　次　2019 年 9 月第 1 版　2019 年 9 月第 1 次印刷
标准书号　ISBN 978-7-5110-3893-7
定　　价　25.80 元
